TÉLÉGRAPHE

DE JOUR ET DE NUIT

SUIVI D'UN

TÉLÉGRAPHE DE JOUR A DOUBLE TRANSMISSION.

PARIS. — DE L'IMPRIMERIE D'ADOLPHE BLONDEAU, RUE RAMEAU, 7, (PLACE RICHELIEU).

TÉLÉGRAPHE

DE JOUR ET DE NUIT

SUIVI D'UN

TÉLÉGRAPHE DE JOUR A DOUBLE TRANSMISSION;

PAR PIERRE-JACQUES CHATAU,

CHEVALIER DE L'ORDRE IMPÉRIAL DE SAINT-VLADIMIR.

CET OUVRAGE NE SE VEND PAS.

1842.

PRÉFACE.

J'étais employé à l'administration télégraphique, et je m'occupais d'un travail de la plus haute importance, au moment de la révolution de juillet. M. Abraham Chappe ayant été destitué, ma destitution suivit la sienne. Deux ans après, je partis pour la Russie, où j'ai établi des lignes télégraphiques de jour et de nuit : une de 8 postes entre Saint-Pétersbourg et Cronstadt, et une de 148 postes entre Saint-Pétersbourg et Varsovie. La première a été ouverte à la fin de février 1834, et la seconde à la fin de mars 1839. M. le baron de Barante a vu ce que j'ai fait, et il a entendu ce qu'on a dit de mon invention.

Le 16 mai dernier, M. le ministre de l'intérieur a présenté, à la Chambre des députés, un projet de loi portant demande d'un crédit de trente mille francs, pour la continuation des expériences télégraphiques de nuit.

Son Excellence n'ayant pas indiqué, dans son exposé des motifs, la réussite de la télégraphie de nuit sur la très longue ligne de Varsovie;

Le *Traité de la Télégraphie* publié par M. le docteur Jules Guyot, au mois de novembre 1840, contenant la phrase suivante :

« Par une bizarrerie singulière, par une difficulté d'art
« insurmontable, depuis près de cinquante ans que la
« télégraphie de jour a été élevée tout à coup, en France
« surtout, à un très haut degré de perfection pour son
« mécanisme, ses signaux et sa langue, la télégraphie de
« nuit, malgré les recherches les plus multipliées et les
« plus opiniâtres, n'a pu s'élever, ni en France, ni en
« Europe, jusqu'à la simplicité pratique; »

La plupart des journaux ayant dit que le problème de la télégraphie de nuit n'a pas encore été résolu;

Et le *Moniteur universel* du 3 juin donnant à penser que l'Académie des sciences et la Chambre des députés ignoraient aussi la solution de ce problème,

PRÉFACE.

Je me décide à publier ce petit ouvrage, qui prouvera que je puis réclamer l'honneur d'avoir résolu le problème de la télégraphie de nuit.

TÉLÉGRAPHE

DE JOUR ET DE NUIT

SUIVI D'UN

TÉLÉGRAPHE DE JOUR A DOUBLE TRANSMISSION.

I

TÉLÉGRAPHE DE JOUR ET DE NUIT.

Mon télégraphe de jour et de nuit n'a aucune corde ni aucune poulie, et il transmet six signaux simples par minute. On verra tout ce que je fais avec ce télégraphe, dont la simplicité est incontestable, et qui doublerait les moyens de la télégraphie française. (*Voyez* la gravure qui représente ce télégraphe).

Mes signaux de nuit, formés par trois points lumineux, sont semblables à mes signaux de jour; le nombre en est le même, et ils sont produits par le même moyen; par conséquent, même service et même vocabulaire.

La simplicité et la visibilité de mes signaux ne laissent rien à désirer, soit pendant le jour, soit pendant la nuit.

Tous mes signaux sont donnés et reçus, avec une grande facilité, par une seule personne.

Un répétiteur, placé sous les yeux du stationnaire, indique la position que l'aile occupe à l'extérieur.

Je n'emploie que six signaux simples dans la correspondance générale. Avec ces signaux simples, jai formé 548 combinaisons, qui présentent des garanties extrêmement sûres, et que j'appelle *signaux composés* (1).

Je n'ai que huit signaux simples pour la police des transmissions, et je fais face à toutes les exigences avec ces huit signaux, en obligeant les signaux simples de la correspondance générale à les seconder dans certains cas.

Ainsi, voilà une télégraphie de jour et de nuit avec quatorze signaux simples, et cette télégraphie est claire et prompte ; en outre, elle est la plus sûre et la plus complète.

En supposant que rien n'arrête un de mes signaux simples, ce signal parcourra cent kilomètres par minute.

Si mon télégraphe ne devait servir que le jour, il est facile de voir qu'il n'exigerait qu'une petite dépense, d'autant plus que le mécanisme inférieur serait alors remplacé par un autre, qui ne coûterait que le tiers.

EN cherchant à faire servir le télégraphe Chappe la nuit comme le jour, l'administration télégraphique remplit un devoir. Mais le but désiré sera-t-il atteint avec le moyen proposé par M. le docteur Jules Guyot? Pour décider cette question, il suffit de faire l'expérience suivante :

Placez un télégraphe à vingt-quatre kilomètres du poste central ; si vous distinguez tous les signaux à cette distance, le moyen proposé donnera une bonne transmission à douze kilomètres. Si vous ne distinguez pas tous les signaux à la distance de vingt-quatre kilomètres, rapprochez le télégraphe jusqu'à ce que vous les distinguiez ; alors, prenez la moitié de votre dernière distance, et vous aurez le plus long intervalle que vous puissiez mettre entre

(1) Par conséquent, mes signaux se composent de plusieurs signaux simples, comme les signaux de l'administration télégraphique. Mes signaux, excepté quarante, ont plus de signaux simples que les signaux de l'administraion télégraphique ; mais cette différence a été rachetée, au moyen du riche vocabulaire que m'ont donné mes nombreux *signaux composés*.

deux télégraphes, c'est-à-dire à peu près la moitié de l'intervalle nécessaire. Ainsi, la France aurait une mauvaise télégraphie de nuit, si vous adoptiez le moyen qui va êtro essayé entre Paris et Dijon.

Quant au moyen qui va être essayé entre Paris et Tours, moyen proposé par M. le directeur du télégraphe à Calais, je ne le connais pas encore; mais on m'a dit qu'il remplit la condition *sine quâ non*, c'est-à-dire que tous les signaux du télégraphe Chappe sont distingués à la distance de vingt-quatre kilomètres. Si cela est vrai, on obtiendrait une bonne transmission à douze kilomètres, la plus grande distance qui doive exister sur une ligne télégraphique; et lorsque les signaux rencontreraient une suspension d'absence ou de dérangement à un poste qui peut être paralysé, on correspondrait avec le poste suivant, comme on le fait pendant le jour.

JE ne parlerai pas ici du nouveau télégraphe de jour et de nuit inventé par M. Vilallongue, puisqu'on ne tentera jamais d'établir une ligne avec ce télégraphe; il ne pourrait d'ailleurs réussir qu'à une petite distance.

ON annonce de nouveau les télégarphes électriques; mais je puis dire que l'époque de leur établissement est beaucoup plus éloignée qu'on ne pense. Les principales difficultés sont-elles insurmontables? Je le crois.

II

LANTERNES.

Mes lanternes et mes feux ne laissent rien à désirer. L'huile est le combustible employé. Les réservoirs sont à l'abri des froids les plus intenses. Les lampes sont à niveau constant, à mèche plate. Le foyer lumineux ne craint ni la pluie, ni le vent le plus violent, ni les mouvements les plus rapides du télégraphe. Ce foyer se maintient à un degré d'éclat suffisant durant vingt heures, sans demander aucun soin, pourvu qu'on emploie de l'huile bien épurée et de bonnes mèches. Bien que la largeur des mèches ne soit que de douze millimètres, tous les signaux sont distingués à la distance de trente kilomètres; ainsi, on obtient une très bonne transmission à douze kilomètres, la plus grande distance qui doive exister sur une ligne télégraphique, comme je l'ai déjà dit.

Si une lanterne s'éteint, le stationnaire le sait à l'instant, et cette lanterne est bientôt rallumée; mais un pareil accident est extrêmement rare avec mon télégraphe, et je doute qu'il arrive trois fois par an sur une ligne de cent cinquante postes.

Les lanternes portent un signe qui indique le côté de Varsovie; chacune d'elles a, excepté aux postes extrêmes, deux réverbères, deux réservoirs, et deux foyers; mais n'oubliez pas que les mèches n'ont alors que douze millimètres de largeur, et qu'elles exigeraient une largeur presque double, si les lanternes avaient seulement un foyer.

Les deux réverbères, qui produisent un effet étonnant, coûtent beaucoup moins que ne coûterait un réflecteur parabolique, cet ennemi de la télégraphie de nuit sur une longue ligne.

Tous les télégraphes ont les mêmes réverbères. On donne aisément à chaque réverbère la déviation voulue. Cette déviation, à laquelle le réservoir et le foyer sont soumis, est fixée par une goupille qui ne se déplace jamais.

Le poids ou le volume des lanternes est ici une chose indifférente, le télégraphe tournant entre les deux poteaux qui le soutiennent.

Si un verre se casse (ce qui arrive très rarement), il faut quinze secondes pour enlever la porte dont le verre est cassé, et quinze secondes pour mettre une nouvelle porte, qui est toujours prête; mais les verres sont à l'abri de tout accident, une fois que mes lanternes sont posées au télégraphe.

Quelle que soit la rapidité des mouvements du télégraphe, aucune lanterne ne peut s'ouvrir, ni se détacher, ni donner contre un poteau.

Si l'on me disait : « Voilà un intervalle de soixante kilomètres ; votre télégraphe pourrait-il le franchir, *pendant la nuit*, sans aucun intermédiaire? « Je répondrais : » Oui. »

DANS mon *Instruction des Stationnaires*, je dis que les lanternes seront allumées à la fin du jour, *quelque temps qu'il fasse*, et qu'elles resteront aux télégraphes jusqu'à la fin de la nuit.

Dans son *Traité de la Télégraphie*, M. le docteur Jules Guyot dit que les lanternes, *par une économie bien entendue*, ne seront allumées que lorsqu'on aura une dépêche à transmettre, et qu'elles ne resteront aux télégraphes que le temps exigé par cette transmission.

En conséquence de cela, il propose un signal d'allumer, qui serait donné par un stationnaire placé aux lunettes de chaque poste. L'observation durerait de neuf à dix heures du soir en hiver, et de dix à onze heures en été. Si l'heure de vigie s'est écoulée sans l'arrivée du signal d'allumer, le stationnaire retournera à sa demeure lointaine par des chemins affreux, et il recevra une indemnité de *vingt-cinq centimes*; mais s'il a eu le bonheur de manipuler *toute la nuit*, son indemnité sera sextuplée. Au moyen de cette disposition, on aurait la télégraphie de jour et de nuit sans avoir augmenté le personnel; ce qui serait *très avantageux*.

Mais, il faut bien le dire, quelques difficultés contrarient l'exécution de ce beau projet, et en voici une qui me dispensera de signaler les autres :

Si le signal d'allumer, donné pendant l'heure de vigie, rencontre une suspension (ce qui arriverait très souvent), et que cette suspension existe encore à l'expiration de l'heure de vigie (ce qui arriverait très souvent), il sera impossible de transmettre la dépêche pendant la nuit, à cause du départ des stationnaires qui n'ont pas reçu le signal d'allumer. Que ferait le directeur en pareil cas? Je dois supposer qu'il donnerait un signal pour dire aux stationnaires des télégraphes allumés : *Allez vous coucher*.

On voit que le moyen proposé est impraticable; ainsi, la France n'aura pas une misérable télégraphie de nuit.

Le télégraphe rend des services éminents, et une longue expérience a prouvé que les dépenses télégraphiques sont des économies ; par conséquent, n'épargnez pas le combustible, et doublez le personnel.

III

VOCABULAIRE TÉLÉGRAPHIQUE.

Le vocabulaire est la partie la plus difficile et la plus importante de la télégraphie ; voilà pourquoi on dit : « Le télégraphe, c'est le vocabulaire. »

M. le docteur Jules Guyot a proposé un nouveau système de vocabulaire pour le télégraphe Chappe. Sa proposition, qui occupe les pages 62, 63, 64, 65 et 66 de son *Traité de la Télégraphie*, décèle une grande ignorance de l'art télégraphique. Un pareil vocabulaire détruirait le télégraphe Chappe.

Depuis mon retour en France, j'ai composé un nouveau vocabulaire pour mon télégraphe, et ce vocabulaire est beaucoup plus avantageux que celui dont on se sert en Russie : les combinaisons sont meilleures, les matières ont été augmentées, et des richesses inespérées sont offertes.

Mon nouveau vocabulaire contient 92,620 articles, y compris les 46,488 articles de mes renvois. J'ai plusieurs séries ; mais la méthode que j'ai suivie est telle, qu'on trouve un article plus vite que si j'avais seulement une série. Le nombre des articles de chaque page est inférieur à celui que l'expérience a posé pour limite. Les pages ont deux colonnes : les nombres impairs sont à la première, et les nombres pairs sont à la seconde. Le temps d'un verbe est rapidement indiqué, lorsque cette indication est nécessaire ; il en est de même des cas dans les langues qui ont des déclinaisons. J'ai deux volumes, en comptant celui qui renferme l'*Appendice ;* c'est le minimum en télégraphie, et je l'ai obtenu au moyen d'une reliure particulière.

Les 30,464 articles qui forment l'indispensable partie des *Recherches*, et qui occupent le milieu du premier volume, ne figurent pas dans le nombre de 92,620 dont je viens de parler. L'*Appendice* a été affranchi des *Recherches;* ce résultat est dû aux combinaisons employées pour en exprimer le contenu. Quant aux articles de mes renvois, ils n'ont pas besoin d'entrer dans la partie des *Recherches.*

Dans son *Traité de la Télégraphie*, M. le docteur Jules Guyot prétend qu'on a un double vocabulaire, l'un pour traduire les idées en signaux, l'autre pour traduire les signaux en idées. Je répondrai que ce double vocabulaire est une supposition gratuite.

Voici le détail des 92,620 articles de mon nouveau vocabulaire télégraphique :

PREMIER VOLUME.

Mots de la langue française.	12,544
Noms géographiques et prénoms.	4,096
Phrases sur les mots de la langue française	9,216
Phrases sur les noms géographiques.	4,608
Phrases en renvoi.	35,328
Vingt-cinq renvois particuliers.	300
Petits mots et ponctuation.	48
Alphabet.	32
Nombres cardinaux.	21
Nombres ordinaux.	21
Fractions.	42
Tableau particulier.	24
Total des articles du premier volume. . . .	66,280

SECOND VOLUME.

Dates et heures.	5,304
Personnes françaises.	2,304
Personnes étrangères.	1,536
Troupes et bâtiments de guerre.	1,536
Bateaux à vapeur et journaux.	384
Corps diplomatique.	384
Phrases concernant le service télégraphique.	1,152
Phrases en renvoi.	10,560
Vint-cinq renvois particuliers.	300
Articles de circonstances.	384
Adresses des dépêches.	576
Objets divers.	1,920
Total des articles du second volume. . . .	26,340

En outre, j'ai fait un travail très avantageux pour les élections; c'est au moyen d'une simple transformation dans les adresses que j'ai pu choisir toutes les combinaisons exigées par ce travail, qui est indépendant de mon vocabulaire télégraphique.

IV

PHRASES EN RENVOI.

Je vais donner une idée de mes phrases en renvoi, puisque ces phrases ne sont pas connues de l'administration télégraphique.

J'ai deux espèces de renvois : les renvois impairs et les renvois pairs.

Les renvois impairs agissent devant les articles de mon vocabulaires, et les renvois pairs agissent après ces articles.

Chaque renvoi est composé de 192 phrases, classées par ordre alphabétique. Ces 192 phrases forment quatre colonnes, qui occupent deux pages. Les deux premières colonnes sont au *verso*, et les deux autres au *recto;* de cette manière, on a sous les yeux les deux pages de chaque renvoi.

Les 192 phrases d'un renvoi appartiennent, *par exemple*, à un, à deux, à trois, à dix, à cent, à mille, ou à dix mille articles de mon vocabulaire.

Afin qu'on puisse bien saisir ce que je viens de dire relativement à mes phrases en renvoi, je donnerai quelques exemples, en faisant observer que toute erreur est impossible avec le moyen de transmission que j'emploie (1). Mes renvois seront ici en italique; les autres articles de mon vocabulaire seront en romain. Voici les exemples :

RENVOIS IMPAIRS.

Combien avez-vous reçu de = fusil
A peu de distance de la rive droite du = Tagliamento
A trois journées de marche de = Mascara
D'après les dernières nouvelles de = Barcelone
Devoir partir sous peu de jours pour = Turin
Être parti hier au soir pour = Lérida
On lit la nouvelle suivante dans une lettre particulière de = Pampelune
2e *brigade de la* 3e *division de l'* = armée belge
Être nommé au commandement de la 3e *division de l'* = armée du Rhin
Général commandant la 2e *division du* 3e *corps de l'* = armée prussienne
Je viens d'être informé par une lettre de = M. le préfet de la Loire
La chambre des députés avoir adopté ce soir à la majorité de voix = 238
Le nombre des prisonniers ennemis être évalué à = 3,500
Je n'ai pas encore reçu votre lettre du = 30 janvier
Depuis le commencement du mois de novembre de l' = année 1838
Pendant les trois premiers mois de l' = année 1840

(1) On reconnait à l'instant les fautes que pourraient renfermer les deux signaux composés qui expriment chacune de mes phrases en renvoi.

Où il devoir arriver aujourd'hui à = 6 heures du soir
Je viens de recevoir une lettre de = M. le lieutenant-général Négrier
Je vais partir avec la 2e brigade de la = 3^e^ division
3e *compagnie du* = 2^e^ bataillon
3e *compagnie du 2e bataillon du* = 16^e^ régiment d'infanterie légère
2e *et* 6e *compagnies du* = 8^e^ bataillon des chasseurs d'Orléans
2e *et* 3e *bataillons du* = 18^e^ régiment d'infanterie de ligne
A la tête du 3e bataillon du = 20^e^ régiment d'infanterie légère
Par le 3e bataillon du = 38^e^ régiment d'infanterie de ligne
Trois compagnies du = 2^e^ bataillon
Trois compagnies du 2e bataillon du = 18^e^ régiment d'infanterie légère
Une partie de la 2e compagnie du = 2^e^ bataillon
Une partie de la 2e compagnie du 2e bataillon du = 3^e^ régiment du génie
Une partie du 3e bataillon du = 46^e^ régiment d'infanterie de ligne
Suspendez jusqu'à nouvel ordre le départ de la = frégate la Néréïde
Être parti hier à bord du = bateau à vapeur le Phare
On lit la nouvelle suivante dans la = Gazette d'État de Prusse

RENVOIS PAIRS.

Le Rhône = *s'être élevé à 5 mètres = 92 centimètres*
On s'est battu = *durant six heures*
Combien avez-vous eu de blessés = *dans l'affaire du 28 du mois dernier*
Les fonds publics cinq pour cent avoir baissé de = 3 *francs* 45 *centimes*
Après un combat sanglant = *ennemi avoir été obligé d'évacuer la ville*
Escadre anglaise = *avoir battu l'escadre égyptienne*
Escadre anglaise être composée de = 2 *bricks* = 3 *corvettes* = 2 *frégates* = 6 *vaisseaux de ligne* = 3 *bateaux à vapeur*
Frégate anglaise = *croiser à cinq kilomètres au large*
Citadelle d'Anvers = *avoir des vivres pour six mois*
Armée autrichienne = *avoir repris ses cantonnements*
Colonne autrichienne forte de = *huit mille hommes d'infanterie = être entré dans le département de l'Ain*
LL. MM. le roi et la reine des Belges = *être parti ce soir pour Bruxelles*
Navire français = *venant de la Martinique, d'où il être parti*
Fort de Gaëte = *avoir capitulé après un siége de vingt jours*
Devoir arriver à Marseille = *dans cinq ou six jours*
Être parti ce matin pour Marseille = *où il devoir s'embarquer pour Alger*

Courrier français venant de Vienne = *et se rendant au château d'Eu = être porteur de la ratification du traité de paix conclu entre la France et l'Autriche*

S. A. R. le duc d'Aumale = *s'être embarqué aujourd'hui pour Alger*

S. A. R. le duc de Nemours = *être arrivé ici ce matin en parfaite santé*

S. A. R. Madame la duchesse de Nemours = *être heureusement accouchée d'un prince dans la matinée d'aujourd'hui*

S. A. R. le prince de Prusse = *être attendu ici aujourd'hui dans la soirée*

M. Appert, intendant militaire de la division d'Alger, = *être nommé commandeur de l'Ordre royal de la Légion-d'Honneur*

M. le capitaine de vaisseau Hamelin = *être élevé au grade de contre-amiral*

M. le vice-amiral Lalande = *être nommé au commandement de la flotte de la Méditerranée*

M. Legrand, député de l'Oise, = *être nommé directeur-général des contributions directes*

M. le lieutenant-général Négrier = *être nommé commandant supérieur de la province de Constantine*

16ᵉ régiment d'infanterie légère = *n'être pas encore arrivé*

Frégate l'Atalante = *venir de recevoir l'ordre de se disposer à prendre la mer*

Vaisseau le Montebello = *être arrivé aujourd'hui sur la rade de Toulon*

Bateau à vapeur le Phare = *venant d'Alger = être arrivé aujourd'hui à Marseille = après une heureuse traversée de 52 heures*

Journal de Francfort = *contenir la nouvelle suivante de Berlin = sous la date du 28 du mois dernier*

M. le baron de Barante, ambassadeur de France à Saint-Pétersbourg, = *venir de quitter Paris pour se rendre à son poste*

M. l'ambassadeur d'Angleterre à Vienne = *venant de Berlin = et se rendant à Londres = être arrivé ici ce matin*

M. l'ambassadeur d'Espagne à Paris = *devoir arriver ici sous peu de jours*

Dépêche télégraphique adressée à l'ambassadeur de France à Madrid = *le 30 du mois dernier = à 3 heures et demie du soir = être arrivée à sa destination le 2 de ce mois = à 6 heures du matin*

M. l'inspecteur de la 5ᵉ division de la ligne de Toulon = *être malade et hors d'état de faire son service*

Par ordonnance royale du 28 de ce mois = collége électoral de Béziers = *être convoqué pour le 24 du mois prochain*

Collége électoral de Béziers = *avoir nommé pour député le troisième candidat*

« Mais, *dira-t-on*, si l'article principal contient une faute, on ignorera la signification des renvois. » Je répondrai : « Dans mon système, cette faute n'empêche pas de connaître la signification des renvois, et ceux-ci font trouver alors l'article principal. »

Je puis augmenter à volonté, non-seulement le nombre des renvois, mais encore le nombre des phrases de chaque renvoi.

L'administration télégraphique ne pourrait pas transmettre mes phrases en renvoi avec son système actuel de signaux; mais cette transmission serait facile avec le seul système de signaux qui convienne maintenant au télégraphe Chappe.

Ainsi que je le devais, j'ai proposé au gouvernement russe mon nouveau vocabulaire télégraphique. Voici la réponse que j'ai reçue :

TROIS GRAVURES.

Monsieur,

… DE LA GUERRE.
…épartement
DES
…ES MILITAIRES.
…-Pétersbourg.
… Décembre 1841.
N° 98.

Sa Majesté l'Empereur, ayant pris connaissance des deux lettres que vous avez bien voulu m'adresser en date du 18/30 octobre et 6/18 novembre derniers, a daigné me charger de vous informer que la transmission des dépêches télégraphiques va si bien, qu'elle n'offre rien à désirer et n'exige absolument aucun changement.

Tout en m'acquittant de cet Ordre Suprême de Sa Majesté Impériale, je profite de cette occasion pour vous renouveler, Monsieur, l'assurance de tous mes sentiments.

Comte Kleinmichel.

A Monsieur Chatau.

V

CHIFFRE TÉLÉGRAPHIQUE.

Mon chiffre, facile et indéchiffrable, rend impossible la transmission d'une fausse idée ; ce qui est une des précieuses nouveautés que j'ai introduites dans la télégraphie.

J'avais 796 combinaisons ; j'en ai rejeté 460, et il m'en est resté 336. Ce dernier nombre ne m'ayant pas suffi, j'ai créé 212 nouvelles combinaisons, et j'en ai maintenant 548. On voit que j'emploie 248 combinaisons de moins.

Ma clef précédente contenait 488 combinaisons (1). Ma clef actuelle en contient 416 : deux cent vingt-quatre forment quatre colonnes au *recto*, et cent quatre-vingt-douze forment quatre colonnes au *verso* (2).

Je chiffrais 62,800 articles avec mes 488 combinaisons précédentes, et j'en chiffre 91,208 avec mes 416 combinaisons actuelles.

Mon vocabulaire précédent contenait 64,360 articles, et mon nouveau vocabulaire en contient 92,620; ainsi, j'ai 28,260 articles de plus, bien que j'emploie 248 combinaisons de moins.

Dans chacune des huit séries de ma nouvelle clef, les combinaisons affectées aux nombres impairs sont à gauche, et les combinaisons affectées aux nombres pairs sont à droite.

Mon chiffre permet d'envoyer par le télégraphe, quand cela est nécessaire, une dépêche dont l'administration télégraphique ignore le contenu. Aussitôt que cette dépêche est arrivée à l'extrémité de la ligne, un courrier la porte à sa destination. Là, elle est toujours déchiffrée avec facilité; ce qui étonnera les personnes qui savent que l'inattention des stationnaires produit trois sortes de fautes : les signaux dénaturés, les signaux perdus, et les signaux

(1) L'insertion des autres combinaisons était inutile.

(2) L'insertion des autres combinaisons est inutile.

introduits. C'est une adresse d'une espèce particulière qui avertit les directeurs que la dépêche est indéchiffrable (1).

VI

INSTRUCTIONS.

L'*Instruction* que j'ai rédigée pour les stationnaires contient, 1° l'explication du télégraphe et des signaux simples; 2° les signaux réglementaires, c'est-à-dire les deux activités, les deux urgences, le final, la réception, la répétition, le congé d'une heure, l'erreur, la clôture (2), la suspension occasionnée par le mauvais temps, la suspension occasionnée par une absence, la suspension occasionnée par un petit dérangement, la suspension occasionnée par un grand dérangement, la suspension occasionnée par un retard; 3° les signaux indicatifs; 4° les signaux de police donnés par les stationnaires, les signaux de police donnés par les directeurs, les signaux de police donnés par l'administration; 5° le service, qui est expliqué sous les titres suivants : les stationnaires, les journaux de travail, les deux ouvertures, le passage des signaux, la rencontre des activités et des urgences, les erreurs, les suspensions, le rattaqué, le relevé, le congé d'une heure, les deux clôtures, les lanternes, les lunettes, les dispositions générales. Tous ces articles sont bien expliqués, et j'ai fait plusieurs changements importants à mon *Instruction des Stationnaires*.

(1) Dans son *Traité de la Télégraphie*, M. le docteur Jules Guyot prétend que l'administration télégraphique, en chiffrant une dépêche, intercale des *fermés* pour annoncer la division des groupes, et il fait observer que la suppression de ces signes serait une économie de temps et de mouvements. Je répondrai que les *fermés* procurent précisément une économie de temps et de mouvements : un *fermé* fait partie du signal précédent, et celui-ci exprime alors un de ces petits mots qui se présentent souvent dans les dépêches. Mais je dirai à l'administration télégraphique : « Changez votre système actuel de signaux, et n'oubliez pas de rejeter les *fermés*. »

(2) L'*erreur* se donne au moyen d'un signal simple ; il en est de même de la *clôture*.

L'*Instruction* que j'ai rédigée pour les directeurs contient, 1° ce qui doit précéder la transmission d'une dépêche, c'est-à-dire l'activité ou l'urgence, le numéro de la direction où va la dépêche, le numéro de la direction qui la transmet, la date et l'heure de cette transmission, et l'adresse portant la double désignation; 2° le passage, l'arrivée et la réception de la dépêche; 3° l'indication précise de la partie qui exige une répétition; 4° l'interruption d'une dépêche par le directeur qui la transmet, l'interruption d'une dépêche par le directeur qui la reçoit, l'interruption d'une dépêche par la non-communication avec telle direction; 5° la reprise d'une dépêche interrompue ou coupée; 6° l'annulation d'une dépêche; 7° les communications et les non-communications; 8° des objets divers; 9° une instruction pour chiffrer et pour déchiffrer les dépêches. Tous ces articles sont bien expliqués, et j'ai fait plusieurs changements importants à mon *Instruction des Directeurs*.

L'*Instruction* que j'ai rédigée pour les inspecteurs renferme tous les devoirs de ces employés.

VII

LIGNE DE VARSOVIE.

La ligne de Varsovie, la plus longue et la plus belle de l'Europe, est organisée militairement. Malgré les nombreuses difficultés qui se sont présentées, tous les postes sont bien placés. Chaque poste a une chambre à coucher, une cuisine, deux remises, une cave, une vaste cour, un jardin et un puits. Le service d'un télégraphe est fait par quatre stationnaires; ainsi, un stationnaire ne travaille que six heures par jour. Le tableau du service est changé tous les mois, et j'ai prévu le cas où le nombre des stationnaires serait momentanément réduit à trois. Les stationnaires russes sont aussi zélés et aussi intelligents que les stationnaires français.

La ligne de Varsovie a six directions : Saint-Pétersbourg, Pskov, Dunabourg, Vilna, Grodno et Varsovie. Chaque direction a un directeur et un sous-directeur.

La longueur de la ligne de Varsovie est de mille deux cent trente-cinq kilomètres. J'ai déjà dit que cette ligne a cent quarante-huit postes, et qu'elle a été ouverte à la fin de mars 1839.

VIII

TÉLÉGRAPHE DE JOUR A DOUBLE TRANSMISSION.

Avec ce télégraphe, qui doublerait aussi les moyens de la télégraphie française, on transmettrait deux dépêches à la fois; par exemple : une dépêche de Paris pour Toulon, et une dépêche de Toulon pour Paris. On emploierait le nouveau vocabulaire que j'ai composé pour mon télégraphe de jour et de nuit. L'économie qu'on ferait sur le matériel actuel couvrirait la dépense qu'exigerait l'augmentation des stationnaires. (*Voyez* la gravure qui représente ce télégraphe).

IX

QUESTION IMPORTANTE.

Dans son *Histoire de la Télégraphie*, M. Chappe l'aîné a dit qu'on peut transmettre des phrases avec un seul signal de correspondance; mais il ne l'a jamais fait.

Dans son *Traité de la Télégraphie*, M. le docteur Jules Guyot dit qu'il peut transmettre des phrases avec un seul signal de correspondance; mais il ne l'a jamais fait.

Dans la discussion qui a eu lieu à la Chambre des députés, le 2 juin dernier, relativement à la télégraphie de nuit, M. le député de Poligny, membre de l'Académie des sciences, a dit : *Et dans un signe vous savez télégraphiquement tout ce qu'il est possible de dire ;* mais ces paroles ne prouvent rien.

Enfin, on dit partout que l'administration télégraphique transmet des phrases avec un seul signal de correspondance ; cependant elle ne l'a jamais fait.

SUR une ligne télégraphique, peut-on transmettre des phrases avec un seul signal de correspondance? NON. Vous me croyez assurément, puisque vous supposez que j'ai dû faire mille tentatives avant d'avoir trouvé le moyen d'introduire les renvois dans la correspondance télégraphique ; mais cela ne me suffit pas : je veux vous convaincre.

Vous avez déjà vu que j'ai des renvois impairs et des renvois pairs, et que chacun de ces renvois contient 192 phrases.

Supposez donc un télégraphe qui fournisse assez de signaux composés pour transmettre séparément les 192 phrases qui forment un renvoi impair, et les 192 phrases qui forment un renvoi pair.

Rappelez-vous ensuite les trois sortes de fautes produites par l'inattention des stationnaires, et n'oubliez pas que ces fautes sont fréquentes avec un télégraphe qui fournit plus de seize signaux simples.

Voici maintenant la preuve que j'ai annoncée :

RENVOIS IMPAIRS.

J'AI transmis :

Trois compagnies du 2e bataillon du = 16^e régiment d'infanterie légère = *être arrivé ici hier au soir*

Mais on a reçu :

Premier et troisième bataillons du = 16^e régiment d'infanterie légère = *être arrivé ici hier au soir*

parce que le signal qui exprimait le renvoi impair s'est dénaturé sur la ligne.

J'AI transmis :

Trois compagnies du 2e *bataillon du* = 16^e^ régiment d'infanterie légère = *être arrivé ici hier au soir*

Mais on a reçu :

16e régiment d'infanterie légère = *être arrivé ici hier au soir*

parce que le signal qui exprimait le renvoi impair s'est perdu sur la ligne.

J'AI transmis :

38e régiment d'infanterie de ligne = *être arrivé ici ce matin*

Mais on a reçu :

Cinq compagnies du 3e *bataillon du* = 38^e^ régiment d'infanterie de ligne = *être arrivé ici ce matin*

parce qu'un signal s'est introduit devant ceux qui exprimaient le régiment.

Il est évident que l'existence de ces fautes ne pouvait pas être soupçonnée.

RENVOIS PAIRS.

J'AI transmis :

M. le lieutenant-général Bugeaud = *être nommé ministre de la guerre*

Mais on a reçu :

M. le lieutenant-général Bugeaud = *être élevé à la dignité de maréchal de France*

parce que le signal qui exprimait le renvoi s'est dénaturé sur la ligne.

J'AI transmis :

Courrier français venant de Vienne = *et se rendant au château d'Eu* = *être porteur de la ratification du traité de paix conclu entre la France et l'Autriche*

Mais on a reçu :

Courrier français venant de Vienne = *être porteur de la ratification du traité de paix conclu entre la France et l'Autriche* parce que le signal qui exprimait le premier renvoi s'est perdu sur la ligne.

J'AI transmis :

Dans la soirée du 30 du mois dernier = colonne autrichienne forte de = *huit mille hommes d'infanterie* = *être entré dans le département de l'Ain*

Mais on a reçu :

Dans la soirée du 30 du mois dernier = colonne autrichienne forte de = *huit mille hommes d'infanterie* = *et trois mille hommes de cavalerie* = *être entré dans le département de l'Ain*

parce qu'un signal s'est introduit devant celui qui exprimait l'entrée dans le département de l'Ain.

Il est évident que l'existence de ces fautes ne pouvait pas être soupçonnée ; par conséquent, *sur une ligne télégraphique*, on ne peut transmettre aucune phrase avec un seul signal de correspondance.

Si l'administration télégraphique découvrait un moyen qui lui permît de transmettre des phrases en renvoi, pourrait-elle exprimer ces phrases avec deux signaux composés, ainsi qu'on le fait avec mon télégraphe? NON. Dispensez-moi de vous le démontrer; ce serait trop long.

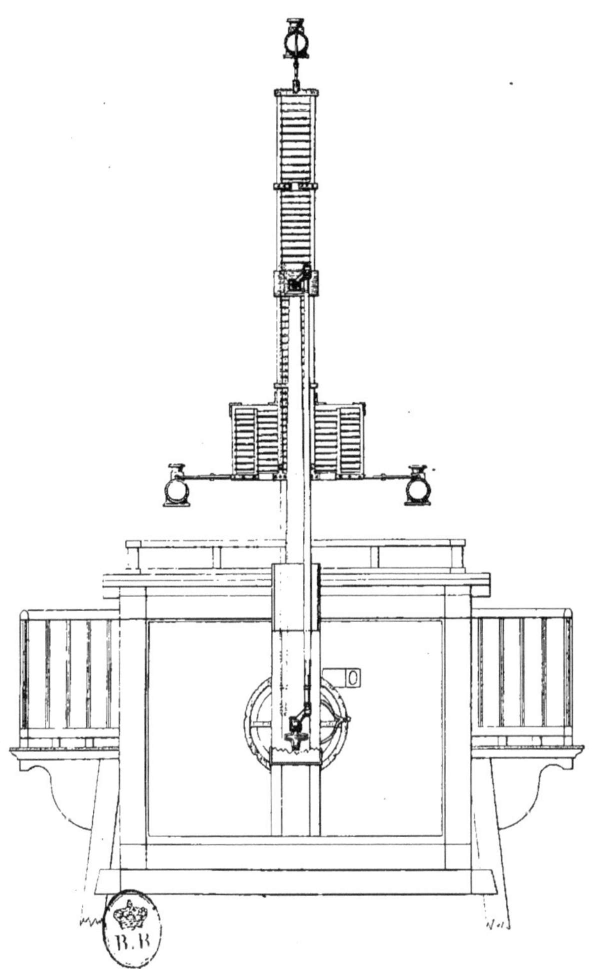

TÉLÉGRAPHE CHATAU.

Télégraphe de jour et de nuit établi en Russie par l'auteur.

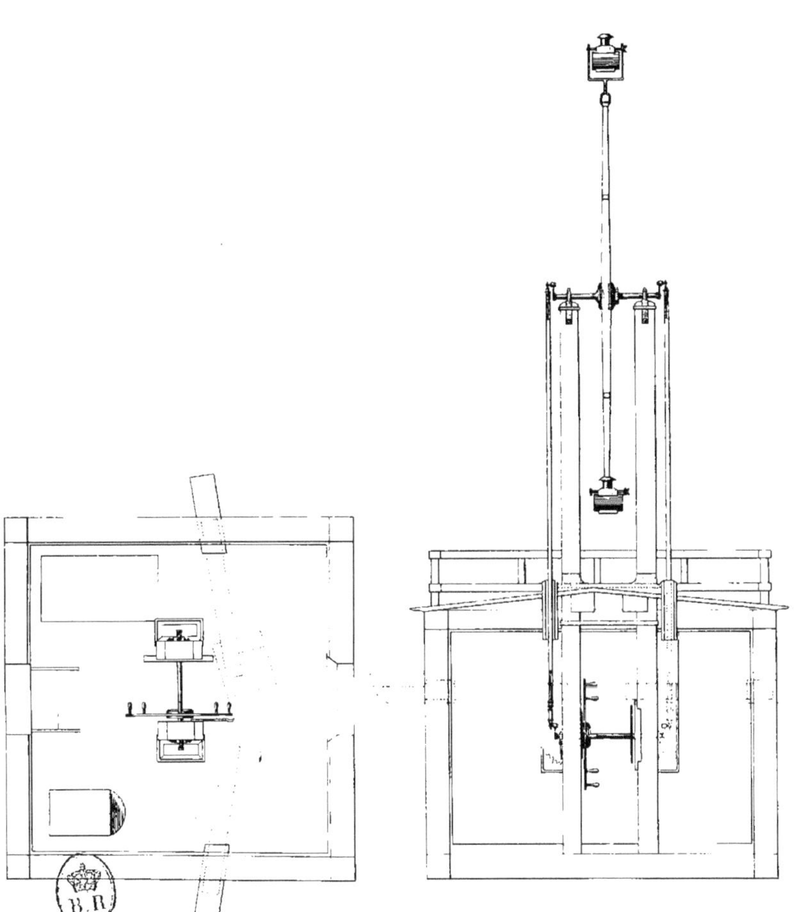

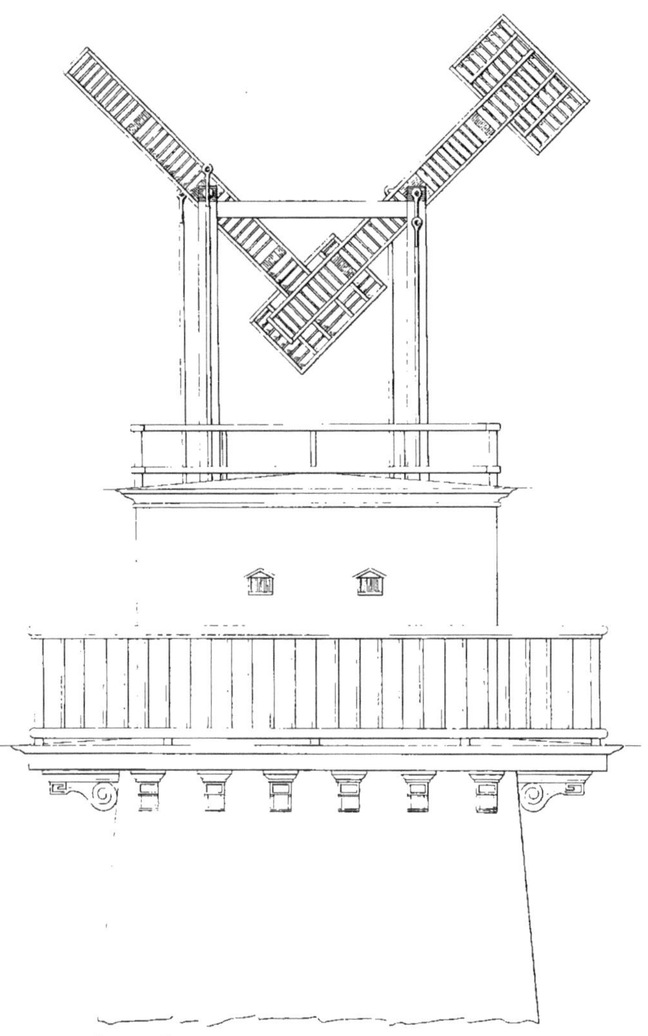

TÉLÉGRAPHE CHATAU.

Télégraphe de jour à double transmission.

www.ingramcontent.com/pod-product-compliance
Ingram Content Group UK Ltd.
Pitfield, Milton Keynes, MK11 3LW, UK
UKHW022146170726
13837UKWH00004B/1821